KATOLICKIE
MODLITWY I NABOŻEŃSTWA

ORAZ

OBRZĘDY MSZY ŚWIĘTEJ

CATHOLIC
PRAYERS AND PRACTICES

including

THE ORDER OF MASS

PETER M. ESPOSITO

Prezes

President

ANNE P. BATTES

Wydawca

Publisher

JO ROTUNNO

Wydawca emerytowany

Publisher Emeritus

PRZYPISY

NIHIL OBSTAT
Ks. Robert M. Coerver
Cenzor

IMPRIMATUR
+ Most Reverend Kevin J. Farrell DD
Ordynariusz Diecezji Dallas
Październik 26, 2012

Nihil Obstat i Imprimatur są to oficjalne deklaracje władz kościelnych stwierdzające, że przedstawiony dokument nie zawiera błędów natury doktrynalnej czy moralnej i dlatego zezwala się na druk. Jednak, ani Nihil Obstat ani Imprimatur w żaden sposób nie sugerują, że osoby które oceniały niniejszy materiał zgadzają się z treścią, opiniami, bądź oświadczeniami zawartymi w niniejszej pracy.

W sprawie zezwoleń należy zwracać się do Oficyny Wydawniczej:
RCL Benziger
8805 Governor's Hill Drive
Suite 400
Cincinnati, Ohio 45249

Infolinia: 877-275-4725
Fax 800-688-8356
RCLBenziger.com

30599
978-0-7829-1733-8
(Katolickie Modlitwy i Nabożeństwa)

Wydanie trzecie
Listopad 2014

Projekt okładki: Mary Wessel

CREDITS AND ACKNOWLEDGMENTS

NIHIL OBSTAT
Reverend Robert M. Coerver
Censor Librorum

IMPRIMATUR
+ Most Reverend Kevin J. Farrell DD
Bishop of Dallas
October 26, 2012

The Nihil Obstat and Imprimatur are official declarations that the material reviewed is free of doctrinal or moral error. No implication is contained therein that those granting the Nihil Obstat and Imprimatur agree with the contents, opinions, or statements expressed.

Send all inquiries to:
RCL Benziger
8805 Governor's Hill Drive
Suite 400
Cincinnati, Ohio 45249

Toll Free 877-275-4725
Fax 800-688-8356
Visit us at **RCLBenziger.com**

30599

978-0-7829-1733-8
(Catholic Prayers and Practices
Bilingual Polish)

1st Printing
November 2014

Cover and Page Design: Mary Wessel

ACKNOWLEDGMENTS
Excerpts are taken or adapted from the English translation of the *Roman Missal* © 2010 ICEL; the English translation of the Act of Contrition from *Rite of Penance* © 1974, ICEL; the English translation of *A Book of Prayers* © 1982, ICEL; *Catholic Household Blessings and Prayers* (revised edition) © 2007, United States Conference of Catholic Bishops, Washington, D.C. All rights reserved.

Cover art ©logo-arte.com

Clip Art for Year A, B, C
by Steve Erspamer © 1993.
Archdiocese of Chicago:
Liturgy Training Publications.
www.LTP.org
3949 S. Racine Ave. Chicago, IL. 60609.
All rights reserved.
Used with permission.

Drodzy Przyjaciele w Chrystusie,

Niniejsza publikacja, *Katolickie modlitwy i nabożeństwa oraz obrzędy Mszy* Świętej zawiera tradycyjnie praktykowane i wspólne wszystkim katolikom nabożeństwa i modlitwy. Książeczka ta została zaprojektowana z myślą niesienia praktycznej pomocy czytelnikowi w pielęgnowaniu własnego życia duchowego oraz jako pomoc w nauczaniu i przygotowywaniu młodych pokoleń katolików do poznawania, wzrastania i aktywnego przeżywania ich wiary w jedności ze wspólnotą katolicką.

Modlitwy i nabożeństwa tutaj zawarte zostały tak dobrane, aby mogły stanowić odpowiedni materiał do wykorzystywania zarówno w modlitwie własnej jak również praktykowanej w gronie rodzinnym lub w zgromadzeniach. Z uwagi na dwujęzyczny format niniejszej publikacji, dodatkowo zamieszczono w opisie Mszy Świętej tekst uwzględniający zmiany językowe wprowadzone dla rytu Mszy Św. odprawianej w języku angielskim.

Rozpowszechniajcie naszą wiarę ofiarując w prezencie egzemplarze tej książeczki. W ten sposób odpowiecie na wezwanie dane nam przez naszego Pana, Jezusa Chrystusa, który nas powołuje na swoich uczniów i posyła z misją głoszenia Dobrej Nowiny wszystkim ludziom.

Pokój Chrystusa niech będzie z Wami,

RCL Benziger

RCLBenziger.com

Dear Friends in Christ,

This small book, *Catholic Prayers and Practices* including The Order of Mass, contains traditional practices and prayers that unite us as Catholics. It is designed to support you in your faith life, and it can assist you in helping the younger members of our Church learn, grow, and live as active members of the Catholic community.

This resource can be used for private, family or communal prayer. The Order of Mass section incorporates the language of the revised Roman Missal.

Share the faith by giving copies of this book to others. In this way you are sharing in the ministry of our Lord, Jesus Christ, who called us to be his disciples and to share the Good News with all people.

Peace be with you,

RCL Benziger

RCLBenziger.com

KATOLICKIE
Modlitwy i Nabożeństwa *oraz* Obrzędy Mszy Świętej

Znak Krzyża Świętego
W imię Ojca
i Syna
i Ducha Świętego. Amen.

Ojcze Nasz (Modlitwa Pańska)
Ojcze nasz, któryś jest w niebie,
Święć się imię Twoje;
przyjdź królestwo Twoje;
bądź wola Twoja, jako w niebie,
tak i na ziemi.
Chleba naszego, powszedniego
daj nam dzisiaj;
i odpuść nam nasze winy,
jako i my odpuszczamy naszym
winowajcom;
i nie wódź nas na pokuszenie,
ale nas zbaw ode Złego. Amen.

Pozdrowienie Anielskie
Zdrowaś Maryjo, łaski pełna,
Pan z Tobą,
błogosławionaś Ty między
niewiastami
i błogosławiony owoc żywota
Twojego, Jezus.
Święta Maryjo, Matko Boża,
módl się za nami grzesznymi,
teraz i w godzinę śmierci naszej.
Amen.

Skład Apostolski
Wierzę w Boga,
Ojca Wszechmogącego,
Stworzyciela nieba i ziemi.
I w Jezusa Chrystusa,
Syna Jego Jedynego,
Pana naszego, który się
począł z Ducha Świętego,
narodził się z Maryi Panny;
umęczon pod Ponckim Piłatem,
ukrzyżowan, umarł i pogrzebion,
zstąpił do piekieł,
trzeciego dnia zmartwychwstał,
wstąpił na niebiosa, siedzi po
prawicy
Boga Ojca wszechmogącego,
stamtąd przyjdzie sądzić żywych
i umarłych.
Wierzę w Ducha Świętego,
Święty Kościół powszechny,
Świętych obcowanie,
grzechów odpuszczenie,
ciała zmartwychwstanie,
żywot wieczny.
Amen.

CATHOLIC
PRAYERS AND PRACTICES
including THE ORDER OF MASS

The Sign of the Cross
In the name of the Father,
and of the Son,
and of the Holy Spirit. Amen.

Our Father (Lord's Prayer)
Our Father, who art in heaven,
hallowed be thy name;
thy kingdom come,
thy will be done
on earth as it is in heaven.
Give us this day our daily bread,
and forgive us our trespasses,
as we forgive those who
trespass against us;
and lead us not into temptation
but deliver us from evil.
Amen.

The Hail Mary
Hail, Mary, full of grace,
the Lord is with thee.
Blessed art thou among women
and blessed is the fruit of thy
womb, Jesus.
Holy Mary, Mother of God,
pray for us sinners,
now and at the hour of our death.
Amen.

Apostles' Creed
I believe in God,
the Father almighty,
Creator of heaven and earth, and
in Jesus Christ,
his only Son, our Lord,

(At the words that follow, up to and including the Virgin Mary, *all bow.)*

who was conceived by the
Holy Spirit,
born of the Virgin Mary,
suffered under Pontius Pilate,
was crucified, died and was
buried;
he descended into hell;
on the third day he rose again
from the dead;
he ascended into heaven,
and is seated at the right hand
of God the Father almighty;
from there he will come to
judge the living and the dead.

I believe in the Holy Spirit,
the holy catholic Church,
the communion of saints,
the forgiveness of sins,
the resurrection of the body,
and life everlasting. Amen.

Chwała Ojcu (Doksologia)

Chwała Ojcu
i Synowi,
i Duchowi Świętemu.
Jak była na początku,
teraz i zawsze,
i na wieki wieków.
Amen.

Do Anioła stróża

Aniele Boży, stróżu mój,
Ty zawsze przy mnie stój.
Rano, wieczór, we dnie, w nocy
bądź mi zawsze ku pomocy.
Strzeż duszy, ciała mego
i doprowadź mnie do żywota
wiecznego. Amen.

Wieczny odpoczynek

Wieczny odpoczynek racz
im dać, Panie.
A światłość wiekuista
niechaj im świeci.
Niech odpoczywają w
pokoju wiecznym.
Amen.

Apel Jasnogórski

Maryjo, Królowo Polski,
jestem przy Tobie, pamiętam,
jestem przy Tobie, czuwam
(3 razy)

Następnie odmawia się
jedną dekadę różańca

Pod Twoją obronę uciekamy się,
święta Boża Rodzicielko.
Naszymi prośbami racz nie gardzić
w potrzebach naszych,
ale od wszelakich złych przygód
racz nas zawsze wybawiać,
Panno chwalebna i błogosławiona.
O Pani nasza, Orędowniczko nasza,
Pośredniczko nasza,
Pocieszycielko nasza.
Z Synem swoim nas pojednaj,
Synowi swojemu nas polecaj,
swojemu Synowi nas oddawaj.
Amen.

Maryjo, Królowo
Polski,
módl się za
nami
(3 razy)

Glory Be (Doxology)

Glory be to the Father
and to the Son
and to the Holy Spirit,
as it was in the beginning
is now, and ever shall be
world without end. Amen.

Angel of God

Angel of God,
my guardian dear,
To whom God's love
commits me here,
Ever this day, be at my side,
To light and guard,
Rule and guide.
Amen.

Eternal Rest

Leader: Eternal rest grant to them, O Lord,
Response: and let perpetual light shine upon them.
Leader: May they rest in peace.
All: Amen.

Appeal of Jasna Gora

Mary, the Queen of Poland
I am by your side, I remember
I am by your side, keeping vigil
(repeated 3 times)

A recitation of one decade of the Rosary follows.

We fly to your patronage, O holy Mother of God;
despise not our petitions in our necessities,
but deliver us always from all dangers,
O glorious and blessed Virgin.
Our Lady, our Patroness,
our Mediatrix, our Joy!
Reconcile us to your Son,
commend us to your Son,
present us to your Son. Amen

Mary, the Queen of Poland,
pray for us (repeated 3 times)

Modlitwa do Ducha Świętego
Przyjdź, Duchu Święty, napełnij
serca Twych wiernych.
I ogień miłości Twojej w nas zapal.
Ześlij Ducha Twego, a powstanie
życie
i odnowisz oblicze ziemi.

Akt żalu
Ach, żałuję za me złości
jedynie dla Twej miłości
Bądź miłościw mnie grzesznemu,
całym sercem skruszonemu.

Akt wiary
Wierzę w Ciebie, Boże żywy,
W Trójcy jedyny, prawdziwy
Wierzę coś objawił Boże,
Twe słowo mylić nie może

Akt nadziei
Ufam Tobie, boś Ty wierny,
wszechmocny i miłosierny.
Dasz mi grzechów odpuszczenie,
łaskę i wieczne zbawienie.

Akt miłości
Boże, choć Cię nie pojmuję,
jednak nad wszystko miłuję,
nad wszystko, co jest stworzone,
boś Ty dobro nieskończone.

Prayer to the Holy Spirit

Come, Holy Spirit, fill the
hearts of your faithful.
And kindle in them the fire
of your love.
Send forth your Spirit and
they shall be created.
And you will renew the
face of the earth.

Act of Contrition

My God,
I am sorry for my sins
with all my heart.
In choosing to do wrong
and failing to do good,
I have sinned against you
whom I should love above all
things.
I firmly intend, with your help,
to do penance,
to sin no more,
and to avoid whatever leads
me to sin.
Our Savior Jesus Christ
suffered and died for us.
In his name, my God,
have mercy.

Act of Faith

O my God, I firmly believe that you are one God in three divine Persons, Father, Son, and Holy Spirit; I believe that your divine Son became man and died for our sins, and that he will come to judge the living and the dead.
Amen.

Act of Hope

O my God, relying on your infinite goodness and promises, I hope to obtain pardon of my sins, the help of your grace, and life everlasting, through the merits of Jesus Christ, my Lord and Redeemer.
Amen.

Act of Love

O my God, I love you above all things, with my whole heart and soul, because you are all good and worthy of all my love.
I love my neighbor as myself for the love of you. I forgive all who have injured me and I ask pardon of all whom
I have injured. Amen.

Modlitwa przed posiłkiem

Pobłogosław Panie Boże nas
i te dary,
które z Twojej łaski
spożywać mamy.
Przez Chrystusa, Pana naszego.
Amen.

Modlitwa po posiłku

Dziękujemy Ci, Panie Boże,
za te dary,
które z łaski Twojej spożyliśmy.
Który żyjesz i królujesz na wieki
wieków. Amen.

Akty uwielbienia

Niech będzie Bóg uwielbiony.
Niech będzie uwielbione święte
Imię Jego.
Niech będzie uwielbiony Jezus
Chrystus,
prawdziwy Bóg i prawdziwy
człowiek.
Niech będzie uwielbione Imię
Jezusowe.
Niech będzie uwielbione
Najświętsze serce Jezusowe.
Niech będzie uwielbiona
Najdroższa krew Jezusowa.
Niech będzie uwielbiony Pan Jezus
w Najświętszym Sakramencie
Ołtarza.
Niech będzie uwielbiony Duch
Święty Pocieszyciel.
Niech będzie pochwalona
Bogarodzica,
Najświętsza Panna Maryja.
Niech będzie pochwalone Jej
święte i Niepokalane Poczęcie.
Niech będzie pochwalone Jej
chwalebne Wniebowzięcie.
Niech będzie pochwalone Imię
Maryi, Dziewicy i Matki.
Niech będzie pochwalony
święty Józef,
Jej przeczysty Oblubieniec.
Niech będzie uwielbiony Bóg w
swoich Aniołach
i w swoich Świętych.

Modlitwa św. Franciszka z Asyżu

Panie, uczyń mnie narzędziem
Twego pokoju.
Tam, gdzie nienawiść -
pozwól mi siać miłość,
gdzie krzywda -
przebaczenie,
gdzie zwątpienie - wiarę,
gdzie rozpacz - nadzieję,
gdzie mrok - światło,
tam gdzie smutek - radość.
Spraw, Panie, abym nie tyle
szukał pociechy,
ile pociechę dawał;
nie tyle szukał zrozumienia,
co rozumiał
nie tyle był kochany, ile
kochał.
Albowiem dając -
otrzymujemy,
przebaczając -
zyskujemy przebaczenie,
a umierając - rodzimy
się do życia wiecznego.
Amen.

Grace Before Meals
Bless us, O Lord,
and these thy gifts,
which we are about to receive
from thy bounty,
through Christ our Lord.
Amen.

Grace After Meals
We give thee thanks,
for all thy benefits, almighty God,
who lives and reigns forever.
Amen.

The Divine Praises
Blessed be God.
Blessed be his holy name.
Blessed be Jesus Christ, true
God and true man.
Blessed be the name of Jesus.
Blessed be his most Sacred Heart.
Blessed be his most precious Blood.
Blessed be Jesus in the most
holy Sacrament of the altar.
Blessed be the Holy Spirit,
the Paraclete.
Blessed be the great Mother of
God, Mary most holy.
Blessed be her holy and
Immaculate Conception.
Blessed be her glorious
Assumption.
Blessed be the name of Mary,
Virgin and Mother.
Blessed be St. Joseph,
her most chaste spouse.
Blessed be God in his angels
and in his saints.

Prayer of Saint Francis
Lord, make me an instrument
of your peace:
where there is hatred,
let me sow love;
where there is injury, pardon;
where there is doubt, faith;
where there is despair, hope;
where there is darkness, light;
where there is sadness, joy.

O divine Master, grant that
I may not so much seek
to be consoled as to
console,
to be understood as
to understand,
to be loved as to
love.
For it is in giving that
we receive,
it is in pardoning
that we are
pardoned,
it is in dying that we
are born to eternal
life.
Amen.

Anioł Pański
Prowadzący: Anioł Pański zwiastował Pannie Maryi,
Wszyscy: I poczęła z Ducha Świętego.
Zdrowaś Maryjo...
Prowadzący: Oto ja służebnica Pańska,
Wszyscy: Niech mi się stanie według słowa Twego.
Zdrowaś Maryjo...
Prowadzący: A Słowo stało się ciałem,
Wszyscy: I zamieszkało między nami.
Zdrowaś Maryjo...
Prowadzący: Módl się za nami, święta Boża Rodzicielko.
Wszyscy: Abyśmy się stali godnymi obietnic Chrystusowych.

Prowadzący: Módlmy się.
Boże, przez zwiastowanie anielskie
poznaliśmy wcielenie Chrystusa, Twojego Syna.
Prosimy Cię, wlej w nasze serca swoją łaskę,
abyśmy przez Jego mękę i krzyż zostali doprowadzeni do
chwały zmartwychwstania.
Przez Chrystusa, Pana naszego.
Amen.

Chwała Ojcu (Doksologia)
Chwała Ojcu i Synowi,
i Duchowi Świętemu.
Jak była na początku,
teraz i zawsze,
i na wieki wieków.
Amen.

Za zmarłych
Prowadzący: Wieczny odpoczynek racz im dać, Panie.
Wszyscy: A światłość wiekuista niechaj im świeci.
Prowadzący: Niech odpoczywają w pokoju.
Wszyscy: Amen.

Przykazanie miłości
"Będziesz miłował Pana, Boga swego całym swoim sercem,
całą swoją duszą i całym swoim umysłem, a swego bliźniego
jak siebie samego".

Mt. 22, 37, 39

Nowe przykazanie
[Jezus rzekł:] "Przykazanie nowe daję wam, abyście się wzajemnie miłowali tak, jak Ja was umiłowałem: żebyście i wy tak się miłowali wzajemnie. Po tym wszyscy poznają, żeście uczniami moimi, jeśli będziecie się wzajemnie miłowali."

J 13, 34-35

The Angelus

Leader: The Angel of the Lord declared unto Mary,

Response: and she conceived of the Holy Spirit.

All: Hail Mary . . .

Leader: Behold the handmaid of the Lord,

Response: Be it done unto me according to your Word.

All: Hail Mary . . .

Leader: And the Word was made flesh,

Response: And dwelt among us.

All: Hail Mary . . .

Leader: Pray for us, O Holy Mother of God,

Response: That we may be made worthy of the promises of Christ.

Leader: Let us pray.

Pour forth, we beseech you, oh Lord, your grace into our hearts; that we, to whom the Incarnation of Christ your Son was made known by the message of an Angel, may by his Passion and Cross be brought to the glory of his Resurrection. Through the same Christ our Lord.

All: Amen.

Glory Be (Doxology)

Leader: Glory be to the Father and to the Son and to the Holy Spirit,

Response: As it was in the beginning is now, and ever shall be world without end.

Amen.

For the Deceased

Leader: Eternal rest grant to them, O Lord,

Response: and let perpetual light shine upon them.

Leader: May they rest in peace.

All: Amen.

The Great Commandment

"You shall love the Lord,
your God, with all your
heart, with all your soul,
and with all your mind. . . .
You shall love your neighbor as
yourself."

MATTHEW 22:37, 39

The New Commandment

[Jesus said:] "I give you a new commandment: love one another. As I have loved you, so you also should love one another. This is how all will know that you are my disciples, if you have love for one another."

JOHN 13:34-35

Dziesięć przykazań Bożych

Jam jest Pan, Bóg twój, który cię wywiódł z ziemi egipskiej, z domu niewoli.

1. Nie będziesz miał bogów cudzych przede Mną.
2. Nie będziesz brał imienia Pana Boga swego na daremno.
3. Pamiętaj, abyś dzień święty święcił.
4. Czcij ojca swego i matkę swoją.
5. Nie zabijaj.
6. Nie cudzołóż.
7. Nie kradnij.
8. Nie mów fałszywego świadectwa przeciw bliźniemu swemu.
9. Nie pożądaj żony bliźniego swego.
10. Ani żadnej rzeczy, która jego jest.

Błogosławieństwa

"Błogosławieni ubodzy w duchu,
albowiem do nich należy
królestwo niebieskie.
Błogosławieni, którzy się smucą,
albowiem oni będą pocieszeni.
Błogosławieni cisi,
albowiem oni na własność
posiądą ziemię.
Błogosławieni, którzy łakną i
pragną sprawiedliwości,
albowiem oni będą nasyceni.
Błogosławieni miłosierni,
albowiem oni miłosierdzia
dostąpią.
Błogosławieni czystego serca,
albowiem oni Boga oglądać
będą.
Błogosławieni, którzy
wprowadzają pokój,
albowiem oni będą nazwani
synami Bożymi.
Błogosławieni, którzy cierpią
prześladowanie
dla sprawiedliwości,
albowiem do nich należy
królestwo niebieskie.
"Błogosławieni jesteście, gdy
[ludzie] wam urągają
i prześladują was,
i gdy z mego powodu mówią
kłamliwie wszystko złe na was.
Cieszcie się i radujcie, albowiem
wasza nagroda wielka jest w
niebie".

Mt 5, 3-12

The Ten Commandments

1. I am the LORD your God: you shall not have strange gods before me.
2. You shall not take the name of the LORD your God in vain.
3. Remember to keep holy the LORD's Day.
4. Honor your father and your mother.
5. You shall not kill.
6. You shall not commit adultery.
7. You shall not steal.
8. You shall not bear false witness against your neighbor.
9. You shall not covet your neighbor's wife.
10. You shall not covet your neighbor's goods.

The Beatitudes

"Blessed are the poor in spirit,
for theirs is the kingdom of heaven.
Blessed are they who mourn,
for they will be comforted.
Blessed are the meek,
for they will inherit the land.
Blessed are they who hunger and thirst for righteousness,
for they will be satisfied.
Blessed are the merciful,
for they will be shown mercy.
Blessed are the clean of heart,
for they will see God.
Blessed are the peacemakers,
for they will be called children of God.
Blessed are they who are persecuted for the sake of righteousness,
for theirs is the kingdom of heaven.
Blessed are you when they insult you and persecute you and utter every kind of evil against you [falsely] because of me. Rejoice and be glad, for your reward will be great in heaven."

MATTHEW 5:3-12

Uczynki miłosierdzia względem ciała

Głodnych nakarmić.
Spragnionych napoić.
Nagich przyodziać.
Podróżnych w dom przyjąć.
Więźniów pocieszać.
Chorych nawiedzać.
Umarłych grzebać.

Uczynki miłosierdzia względem duszy

Grzeszących upominać.
Błądzących pouczać.
Wątpiącym dobrze radzić.
Strapionych pocieszać.
Krzywdy cierpliwie znosić.
Urazy chętnie darować.
Modlić się za żywych i umarłych

Dary Ducha Świętego

- Mądrość
- Rozum
- Rada
- Męstwo
- Umiejętność
- Pobożność
- Bojaźń Boża

Cnoty główne

- Roztropność
- Sprawiedliwość
- Umiarkowanie
- Męstwo

Przykazania kościelne

1. W niedzielę i święta nakazane uczestniczyć we Mszy świętej i powstrzymać się od zbędnych prac.
2. Przynajmniej raz w roku przystąpić do sakramentu pokuty.
3. Przynajmniej raz w roku, w okresie wielkanocnym przyjąć Komunię Świętą.
4. Zachowywać nakazane posty i wstrzemięźliwość od pokarmów mięsnych, a w okresach pokuty powstrzymywać się od udziału w zabawach.
5. Troszczyć się o potrzeby wspólnoty Kościoła.

Corporal Works of Mercy

Feed people who are hungry.
Give drink to people who are thirsty.
Clothe people who need clothes.
Visit prisoners.
Shelter people who are homeless.
Visit people who are sick.
Bury people who have died.

Spiritual Works of Mercy

Help people who sin.
Teach people who are ignorant.
Give advice to people who have doubts.
Comfort people who suffer.
Be patient with other people.
Forgive people who hurt you.
Pray for people who are alive and for those who have died.

Gifts of the Holy Spirit

- Wisdom
- Understanding
- Right judgment (Counsel)
- Courage (Fortitude)
- Knowledge
- Reverence (Piety)
- Wonder and awe (Fear of the Lord)

Cardinal Virtues

- Prudence
- Justice
- Fortitude
- Temperance

Precepts of the Church

1. Participate in Mass on Sundays and holy days of obligation and rest from unnecessary work.
2. Confess sins at least once a year.
3. Receive Holy Communion at least during the Easter season.
4. Observe the prescribed days of fasting and abstinence.
5. Provide for the material needs of the Church, each according to one's abilities.

W tradycji katolickiej odmawianie modlitwy różańcowej jest wyrazem czci dla Najświętszej Maryi Panny, a także okazją do modlitewnego rozważania ważnych wydarzeń z życia Maryi i Jezusa. Różaniec obejmuje dwadzieścia tajemnic i jest podzielony na cztery części. Każda część zawiera pięć tajemnic (patrz niżej) i przypisana jest do odmawiania w poszczególnych dniach tygodnia.

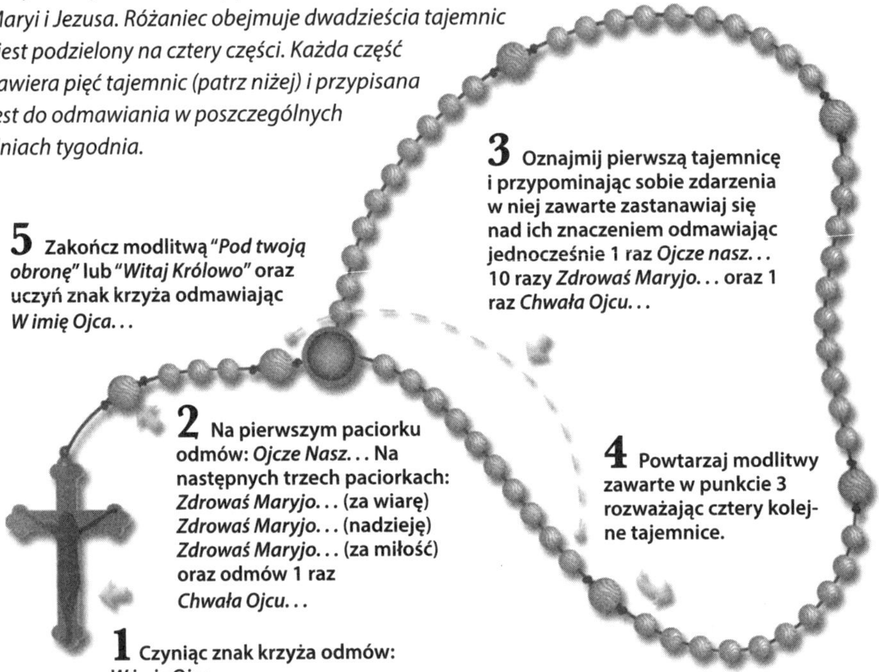

1 Czyniąc znak krzyża odmów: *W imię Ojca...* *Wierzę w Boga...*

2 Na pierwszym paciorku odmów: *Ojcze Nasz...* Na następnych trzech paciorkach: *Zdrowaś Maryjo...* (za wiarę) *Zdrowaś Maryjo...* (nadzieję) *Zdrowaś Maryjo...* (za miłość) oraz odmów 1 raz *Chwała Ojcu...*

3 Oznajmij pierwszą tajemnicę i przypominając sobie zdarzenia w niej zawarte zastanawiaj się nad ich znaczeniem odmawiając jednocześnie 1 raz *Ojcze nasz...* 10 razy *Zdrowaś Maryjo...* oraz 1 raz *Chwała Ojcu...*

4 Powtarzaj modlitwy zawarte w punkcie 3 rozważając cztery kolejne tajemnice.

5 Zakończ modlitwą *"Pod twoją obronę"* lub *"Witaj Królowo"* oraz uczyń znak krzyża odmawiając *W imię Ojca...*

Sposób odmawiania modlitwy

RÓŻAŃCOWEJ

Tajemnice radosne
(odmawiane w poniedziałki i soboty)
1. Zwiastowanie anielskie
2. Nawiedzenie Św. Elżbiety
3. Narodzenie Pana Jezusa
4. Ofiarowanie w świątyni
5. Odnalezienie Jezusa

Tajemnice bolesne
(odmawiane we wtorki i piątki)
1. Modlitwa w Ogrójcu
2. Biczowanie
3. Cierniem ukoronowanie
4. Dźwiganie krzyża
5. Ukrzyżowanie i śmierć Jezusa

Tajemnice światła
(odmawiane w czwartki)
1. Chrzest Jezusa w Jordanie
2. Objawienie się Jezusa w Kanie Galilejskiej
3. Głoszenie Królestwa Bożego i wzywanie do nawrócenia.
4. Przemienienie na górze Tabor.
5. Ustanowienie Eucharystii

Tajemnice chwalebne
(odmawiane w środy i niedziele)
1. Zmartwychwstanie
2. Wniebowstąpienie
3. Zesłanie Ducha Świętego
4. Wniebowzięcie Maryi Panny
5. Ukoronowanie Matki Bożej na Królową nieba i ziemi

Catholics pray the Rosary to honor Mary and remember the important events in the lives of Jesus and Mary. There are twenty mysteries of the Rosary. Follow the steps from 1 to 5.

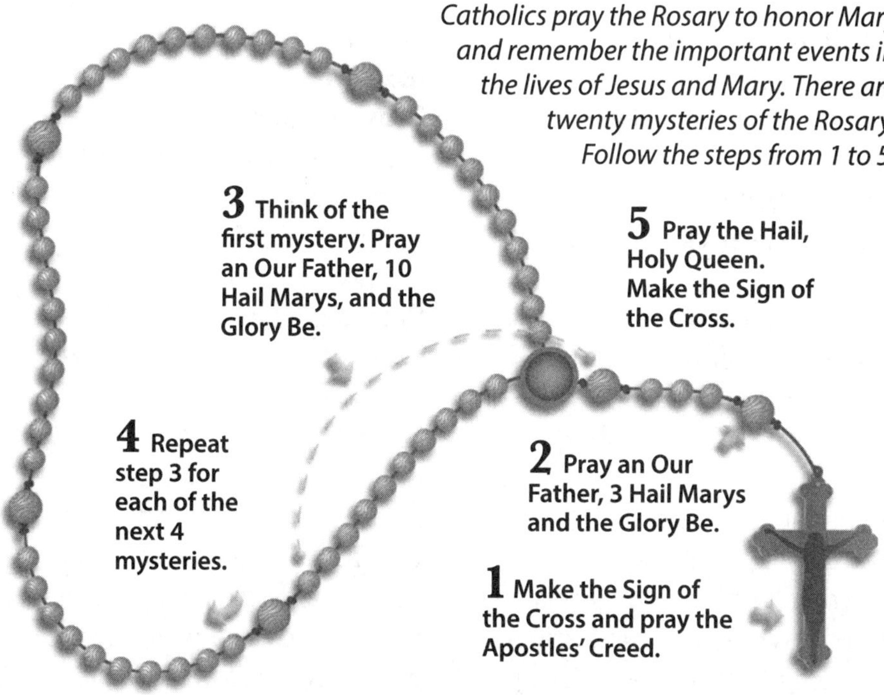

We pray the

ROSARY

Joyful Mysteries

(said on Mondays and Saturdays)

1. The Annunciation
2. The Visitation
3. The Nativity
4. The Presentation in the Temple
5. The Finding of the Child Jesus After Three Days in the Temple

Luminous Mysteries

(said on Thursdays)

1. The Baptism at the Jordan
2. The Miracle at Cana
3. The Proclamation of the Kingdom and the Call to Conversion
4. The Transfiguration
5. The Institution of the Eucharist

Sorrowful Mysteries

(said on Tuesdays and Fridays)

1. The Agony in the Garden
2. The Scourging at the Pillar
3. The Crowning with Thorns
4. The Carrying of the Cross
5. The Crucifixion and Death

Glorious Mysteries

(said on Wednesdays and Sundays)

1. The Resurrection
2. The Ascension
3. The Descent of the Holy Spirit at Pentecost
4. The Assumption of Mary
5. The Crowning of the Blessed Virgin as Queen of Heaven and Earth

Pod Twoją obronę
uciekamy się,
święta Boża Rodzicielko,
naszymi prośbami racz nie gardzić
w potrzebach naszych,
ale od wszelakich złych przygód
racz nas
zawsze wybawiać,
Panno chwalebna i
błogosławiona.
O Pani nasza, Orędowniczko
nasza,
Pośredniczko nasza,
Pocieszycielko nasza.
Z Synem swoim nas pojednaj,
Synowi swojemu nas polecaj,
swojemu Synowi nas oddawaj.
Amen.

Modlitwa na zakończenie różańca.
Prowadzący: Módl się za nami Święta Boża Rodzicielko.
Wszyscy: Abyśmy się stali godnymi obietnic Chrystusowych.
Prowadzący: Módlmy się
Boże, którego Jednorodzony Syn przez swoje życie, śmierć i zmartwychwstanie wysłużył nam wieczne zbawienie, spraw, abyśmy rozważając te tajemnice w Różańcu Najświętszej Maryi Panny, według nich kształtowali swoje życie i osiągnęli zawarte w nich obietnice. Przez Chrystusa Pana naszego. Amen.

Witaj Królowo
Witaj, Królowo, Matko miłosierdzia,
życie, słodyczy i nadziejo nasza,
witaj!
Do Ciebie wołamy wygnańcy,
synowie Ewy;
do Ciebie wzdychamy jęcząc i
płacząc na
tym łez padole. Przeto,
Orędowniczko nasza, one
miłosierne oczy Twoje na nas zwróć,
a Jezusa, błogosławiony owoc
żywota Twojego,
po tym wygnaniu nam okaż.
O łaskawa,
o litościwa, o słodka
Panno Maryjo!

We fly to your patronage

We fly to your patronage,
O holy Mother of God;
despise not our petitions
in our necessities,
but deliver us always from all
dangers,
O glorious and blessed Virgin.
Our Lady, our Patroness,
our Mediatrix, our Joy!
Reconcile us to your Son,
commend us to your Son,
present us to your Son. Amen

Hail, Holy Queen

Hail, holy Queen, Mother of
mercy:
Hail, our life, our sweetness
and our hope.
To you do we cry, poor banished
children of Eve.
To you do we send up our sighs,
mourning and weeping in this
valley of tears.
Turn then, most gracious
advocate,
your eyes of mercy toward us;
and after this our exile
show unto us the blessed fruit
of your womb, Jesus.
O clement, O loving,
O sweet Virgin Mary.

Pray for us

Leader: Pray for us, Holy Mother of God.

Response: That we may be made worthy of the promises of Christ.

Leader: Let us pray:
O God, whose only-begotten
Son by His life, death and
resurrection has purchased for us
the rewards of eternal life,
grant we beseech Thee,
that meditating on
these mysteries of the most holy
rosary of the Blessed Virgin Mary,
may imitate what they contain
and obtain what they promise.
Through the same Christ, our
Lord. Amen.

Modlitwa św. Bernarda

Pomnij, o Najświętsza Panno Maryjo,
że nigdy nie słyszano, abyś opuściła tego,
kto się do Ciebie ucieka, Twej pomocy przyzywa,
Ciebie o przyczynę prosi.
Tą ufnością ożywiony, do Ciebie,
o Panno nad pannami i Matko, biegnę,
do Ciebie przychodzę,
przed Tobą jako grzesznik płaczący staję.
O Matko Słowa, racz nie gardzić słowami moimi,
ale usłysz je łaskawie i wysłuchaj.
Amen.

Droga krzyżowa

Stacja I: Jezus na śmierć skazany
Stacja II: Jezus bierze krzyż na swoje ramiona
Stacja III: Pierwszy upadek pod krzyżem
Stacja IV: Pan Jezus spotyka swoją Matkę
Stacja V: Szymon z Cyreny pomaga dźwigać krzyż Jezusowi
Stacja VI: Weronika ociera twarz Jezusowi
Stacja VII: Drugi upadek pod krzyżem
Stacja VIII: Jezus spotyka płaczące niewiasty
Stacja IX: Trzeci upadek pod ciężarem krzyża
Stacja X: Jezus z szat obnażony
Stacja XI: Jezus do krzyża przybity
Stacja XII: Jezus umiera na krzyżu
Stacja XIII: Jezus z krzyża zdjęty
Stacja XIV: Jezus do grobu złożony

W niektórych parafiach nabożeństwo drogi krzyżowej zakończone jest dodaniem stacji XV podkreślającej fakt zmartwychwstania Pana Jezusa.

The Memorare

Remember, O most gracious Virgin Mary, that never was it known that anyone who fled to your protection, implored your help, or sought your intercession was left unaided. Inspired by this confidence, I fly unto you, O Virgin of virgins, my mother; to you do I come, before you I stand, sinful and sorrowful. O Mother of the Word Incarnate, despise not my petitions, but in your mercy hear and answer me. Amen.

Stations of the Cross

1. Jesus is condemned to death.
2. Jesus accepts his cross.
3. Jesus falls the first time.
4. Jesus meets his mother.
5. Simon helps Jesus carry the cross.
6. Veronica wipes the face of Jesus.
7. Jesus falls the second time.
8. Jesus meets the women.
9. Jesus falls the third time.
10. Jesus is stripped of his clothes.
11. Jesus is nailed to the cross.
12. Jesus dies on the cross.
13. Jesus is taken down from the cross.
14. Jesus is buried in the tomb.

Some parishes conclude the Stations by reflecting on the Resurrection of Jesus.

Ogólne zasady

Katolickiej Nauki Społecznej

Nauczanie Kościoła na temat sprawiedliwości społecznej ukierunkowuje nas do przeżywania życia w świętości i nakłada obowiązek budowania sprawiedliwego społeczeństwa. Zasady te są następujące:

1. Każde życie ludzkie jest święte. Podstawowa równość wszystkich ludzi wynika z godności bycia istotą ludzką, a godność ta jest z kolei źródłem wszelkich uprawnień człowieka.
2. Zasadą, podmiotem i celem wszystkich instytucji społecznych jest człowiek.
3. Osoba ludzka została stworzona przez Boga jako istota społeczna, przeznaczona do życia wspólnotowego w rodzinie i innych grupach społecznych.
4. Poszanowanie praw człowieka wypływa z godności osoby ludzkiej. Państwo i wszelkie organizacje społeczne zobowiązane są do popierania prawa moralnego, ochrony życia ludzkiego i praw człowieka, a także do zagwarantowania warunków, które zapewnią życie w wolności.
5. Ugrupowania polityczne i władza publiczna mają swe źródło w naturze ludzkiej. Należą one do porządku ustanowionego przez Boga.
6. Wszelka władza ludzka powinna być wykorzystana do urzeczywistniania dobra wspólnego.
7. Dobro wspólne społeczeństwa obejmuje poszanowanie i popieranie podstawowych praw osoby ludzkiej; dobrobytu, czyli wzrostu dóbr duchowych i ziemskich społeczeństwa oraz pokoju i bezpieczeństwa wszystkich ludzi.
8. Musimy z całą mocą dążyć do wyeliminowania grzesznych nierówności jakie istnieją pomiędzy ludźmi oraz do uzyskania poprawy warunków życia ludzi. Priorytetem muszą stać się potrzeby ludzi biednych i bezbronnych.
9. Wszyscy ludzie na ziemi należą do jednej ludzkiej rodziny. Braterstwo stąd wynikające nakazuje praktykowanie cnoty solidarności, która sprzyjając rozwojowi i jednocześnie wykraczając poza dobra materialne, przynagla nas do szerzenia najpierw duchowych dóbr wiary.

Opracowano na podstawie
Katechizmu Kościoła Katolickiego

Basic Principles of

CATHOLIC SOCIAL TEACHING

The Church's teaching on social justice guides us in living lives of holiness and building a just society. These principles are:

1. All human life is sacred. The basic equality of all people flows from their dignity as human persons and the rights that flow from that dignity.

2. The human person is the principle, the object, and the subject of every social group.

3. The human person has been created by God to belong to and to participate in a family and other social communities.

4. Respect for the rights of people flows from their dignity as persons. Society and all social organizations must promote virtue and protect human life and human rights and guarantee the conditions that promote the exercise of freedom.

5. Political communities and public authority are based on human nature. They belong to an order established by God.

6. All human authority must be used for the common good of society.

7. The common good of society consists of respect for and promotion of the fundamental rights of the human person; the just development of material and spiritual goods of society; and the peace and safety of all people.

8. We need to work to eliminate the sinful inequalities that exist between peoples and for the improvement of the living conditions of people. The needs of the poor and vulnerable have a priority.

9. We are one human and global family. We are to share our spiritual blessings, even more than our material blessings.

Based on the *Catechism of the Catholic Church*

ZNAKI I SYMBOLE KOŚCIOŁA KATOLICKIEGO

Od samego początku Kościół używał znaków i symboli, które pomagają wyrażać nam naszą wiarę. Symbole te jednoczą nas oraz pomagają w zrozumieniu tego, w co wierzą katolicy.

Krzyż
Krzyż jest jednym z najczęściej używanych symboli naszej wiary. Przypomina nam, że Jezus umarł na krzyżu i powstał z martwych. Krucyfiks jest to krzyż z przymocowaną do niego figurą przedstawiającą postać Jezusa.

Chi-rho
Chi-rho (czytaj: chi-ro) to znak symbolizujący Chrystusa. Złożony jest z dwóch liter greckich X (chi) i P (rho), od których zaczyna się słowo Chrystus.

Paschał
Paschał jest to świeca wielkanocna. Symbolizuje zmartwychwstałego Chrystusa, który jest Światłością świata

Alfa i Omega
Symbol ten składa się z pierwszej i ostatniej litery alfabetu greckiego i przypomina nam, że Chrystus jest początkiem i końcem wszelkiego istnienia.

Dobry Pasterz
Motyw Dobrego Pasterza, który prowadzi swe owce i chroni przed niebezpieczeństwem jest częstym wyobrażeniem Jezusa. Owce symbolizują wierzących w Chrystusa.

SIGNS AND SYMBOLS *of the* CATHOLIC CHURCH

From its beginning the Church used signs and symbols to help us profess our faith. These symbols unite us. They help us understand what Catholics believe.

Cross
The Cross is one of the most widely used symbols of our faith. It reminds us that Jesus died on the Cross and was raised from the dead. A crucifix is a Cross with Jesus' body fixed to it.

Chi-Rho
The Chi-Rho is a symbol for Christ. It comes from the first two letters of the Greek word for Christ.

Paschal Candle
The Paschal candle, also called the Easter candle, is a symbol of the Risen Christ who is the Light of the world.

Alpha and Omega
Alpha and Omega are the first and last letters of the Greek alphabet. They remind us that Jesus is the beginning and end of everything that is.

The Good Shepherd
Jesus is often represented as the Good Shepherd who leads and cares for his sheep. The sheep symbolize those who follow Christ.

SIEDEM SAKRAMENTÓW KOŚCIOŁA

Sakramenty zostały ustanowione i powierzone Kościołowi przez Chrystusa. Stanowią główne znaki liturgiczne Kościoła. Uobecniają Tajemnicę Paschalną Jezusa, który jest głównym celebransem zawsze obecnym w każdym sakramencie. Sakramenty jako skuteczne znaki łaski dają nam udział w zbawczym dziele Chrystusa i życiu Trójcy Świętej.

SAKRAMENTY WTAJEMNICZENIA CHRZEŚCIJAŃSKIEGO

Chrzest

Przez akt chrztu jesteśmy włączeni w Chrystusa i stajemy się członkami Jego Ciała, którym jest Kościół. Odrodzeni i zaadoptowani jako dzieci Boga Ojca, otrzymujemy dar Ducha Świętego. Grzech pierworodny zostaje zmazany, a wszystkie grzechy osobiste zostają odpuszczone.

Bierzmowanie

Bierzmowanie utwierdza chrzest. Otrzymany w tym sakramencie dar Ducha Świętego umacnia nas do wyznawania wiary chrześcijańskiej.

Eucharystia/ Msza Święta

Uczestnictwo w Eucharystii w pełni jednoczy nas z Chrystusem i całym Kościołem. Włącza nas w ofiarę Chrystusa na krzyżu uobecnianą w Eucharystii, które są jedną ofiarą. Mocą Ducha Świętego i słów kapłana, chleb i wino stają się Ciałem i Krwią Chrystusa, które przyjmujemy w komunii świętej.

SAKRAMENTY UZDROWIENIA

Sakrament pokuty i pojednania

Przebaczenie grzechów popełnionych po chrzcie otrzymujemy przez posługę kapłana, któremu została powierzona władza odpuszczania grzechów. W celu uzyskania rozgrzeszenia należy wyznać wszystkie grzechy śmiertelne.

Sakrament namaszczenia chorych

Sakrament ten umacnia w wiernych wiarę i ufność pokładaną w Bogu w czasie poważnej choroby czy zagrożenia śmiercią z powodu choroby lub starości.

THE SEVEN SACRAMENTS

Jesus gave the Church the Seven Sacraments. The Sacraments are the main liturgical signs of the Church. They make the Paschal Mystery of Jesus, who is always the main celebrant of each Sacrament, present to us. They make us sharers in the saving work of Christ and in the life of the Holy Trinity.

SACRAMENTS OF INITIATION

Baptism

Through Baptism we are joined to Christ and become members of the Body of Christ, the Church. We are reborn as adopted children of God the Father and receive the gift of the Holy Spirit. Original Sin and all personal sins are forgiven.

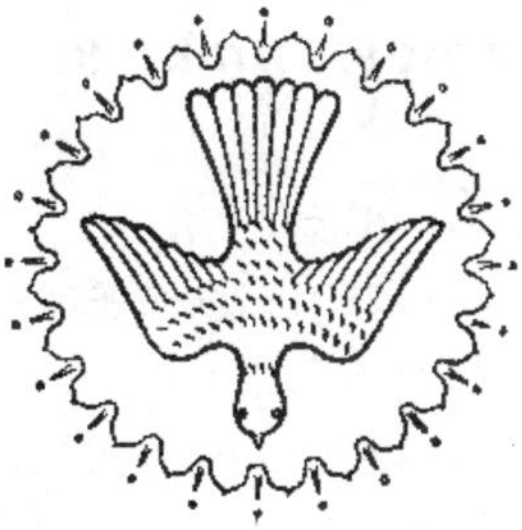

Confirmation

Confirmation completes Baptism. In this Sacrament the gift of the Holy Spirit strengthens us to live our Baptism.

Eucharist

Sharing in the Eucharist joins us most fully to Christ and to the Church. We share in the one sacrifice of Christ. The bread and wine become the Body and Blood of Christ through the power of the Holy Spirit and the words of the priest. We receive the Body and Blood of Christ.

SACRAMENTS OF HEALING

Penance and Reconciliation

Through the ministry of the priest we receive forgiveness of sins committed after our Baptism. We need to confess all mortal sins.

Anointing of the Sick

Anointing of the Sick strengthens our faith and trust in God when we are seriously ill, dying, or weak because of old age.

SAKRAMENTY W SŁUŻBIE KOMUNII

Sakrament święceń

Biskupi jako następcy Apostołów otrzymują pełnię sakramentu święceń. Ze święceń biskupich wypływa misja głoszenia Ewangelii, uświęcania, odpowiedzialności i rządzenia Kościołem. Biskupów w ich pasterskiej misji wspierają kapłani i diakoni.

Sakrament małżeństwa

Sakrament małżeństwa wiąże ochrzczonego mężczyznę i ochrzczoną kobietę węzłem tworzącym wspólnotę całego życia, wyrażaną przez wierną miłość i szacunek oraz przez przyjęcie Bożego daru zrodzenia i wychowania potomstwa. W sakramencie tym małżonkowie powołani są, aby stać się skutecznym znakiem Chrystusowej miłości do Jego Kościoła.

Obrzęd Pokuty i Pojednania

Spowiedź indywidualna

- Pozdrowienie
- Czytanie Pisma Świętego
- Wyznanie grzechów i przyjęcie pokuty
- Akt żalu
- Rozgrzeszenie
- Modlitwa uwielbienia Boga i odesłanie

Wspólnotowa praktyka pokuty

- Pozdrowienie
- Czytanie Pisma Świętego
- Homilia
- Rachunek sumienia, akt żalu i modlitwa Pańska
- Indywidualne wyznanie grzechów i rozgrzeszenie
- Modlitwa odesłania

SACRAMENTS AT THE SERVICE OF COMMUNION

Holy Orders

Through Holy Orders a baptized man is consecrated to serve the whole Church as a bishop, priest, or deacon in the name of Christ. Bishops, who are the successors of the Apostles, receive this Sacrament most fully. They are consecrated to teach the Gospel, to lead the Church in the worship of God, and to guide the Church to live holy lives. Bishops are helped by priests, their coworkers, and by deacons in their work.

Matrimony

Matrimony unites a baptized man and a baptized woman in a lifelong bond of faithful love to always honor each other and to accept the gift of children from God. In this Sacrament the married couple is consecrated to be a sign of Christ's love for the Church.

The RITE *of* PENANCE AND RECONCILIATION

Individual Rite

- Greeting
- Scripture Reading
- Confession of Sins and Acceptance of Penance
- Act of Contrition
- Absolution
- Closing Prayer

Communal Rite

- Greeting
- Scripture Reading
- Homily
- Examination of Conscience with a litany of contrition and the Lord's Prayer
- Individual Confession and Absolution
- Closing Prayer

Celebracja Mszy Świętej

Obrzędy Wstępne

Pamiętając, że stanowimy cząstkę wspólnoty katolickiej przygotowujemy się do słuchania Słowa Bożego i celebrowania Mszy Świętej.

Wejście

Podczas procesji kapłana, diakona i ministrantów do ołtarza, zgromadzenie w postawie stojącej śpiewa hymn na wejście. Kapłan i diakon podchodzą do ołtarza i składają na nim pocałunek. Następnie kapłan udaje się na miejsce przewodniczenia.

Znak krzyża i pozdrowienie

Kapłan inicjuje modlitwę znaku krzyża i następnie pozdrawia wiernych slowami:

Pan z wami
Wierni: I z duchem twoim.

Akt pokuty

W akcie pokuty uznajemy naszą grzeszność, prosimy o przebaczenie i wielbimy Boga dziękując za Jego miłosierdzie.

Chwała na wysokości Bogu

Chwała na wysokości Bogu,
a na ziemi pokój ludziom dobrej woli.
Chwalimy Cię. Błogosławimy Cię.
Wielbimy Cię. Wysławiamy Cię.
Dzięki Ci składamy, bo wielka jest chwała Twoja.
Panie Boże, Królu nieba,
Boże, Ojcze wszechmogący.
Panie, Synu Jednorodzony,
Jezu Chryste.
Panie Boże, Baranku Boży,
Synu Ojca.
Który gładzisz grzechy świata,
zmiłuj się nad nami.
Który gładzisz grzechy świata,
przyjm błaganie nasze.
Który siedzisz po prawicy Ojca,
zmiłuj się nad nami.
Albowiem tylko Tyś jest święty
Tylko Tyś jest Panem.
Tylko Tyś Najwyższy,
Jezu Chryste.
Z Duchem Świętym
w chwale Boga Ojca.
Amen.

We Celebrate the Mass

The Introductory Rites

We remember that we are the community of the Church. We prepare to listen to the Word of God and to celebrate the Eucharist.

The Entrance

We stand as the priest approaches the altar with the deacon, and other ministers. We sing a gathering song. The priest and deacon kiss the altar. The priest then goes to the chair where he presides over the celebration.

Sign of the Cross and Greeting

The priest leads us in praying the Sign of the Cross. The priest greets us, and we say,
"And with your spirit."

The Penitential Act

We admit our wrongdoings. We bless God for his mercy.

Gloria

Glory to God in the highest,
and on earth peace to people
of good will.

We praise you,
we bless you,
we adore you,
we glorify you,
we give you thanks for your
great glory,
Lord God, heavenly King,
O God, almighty Father.

Lord Jesus Christ, Only
Begotten Son,
Lord God, Lamb of God, Son
of the Father,
you take away the sins of
the world,
have mercy on us;
you take away the sins of
the world,
receive our prayer;
you are seated at the right
hand of the Father,
have mercy on us.

For you alone are the Holy One,
you alone are the Lord,
you alone are the Most High,
Jesus Christ,
with the Holy Spirit,
in the glory of God the Father.
Amen.

Kolekta
Kapłan wzywa wiernych do modlitwy. Po kilku chwilach milczenia kapłan odmawia modlitwę na rozpoczęcie. Wierni odpowiadają: **Amen.**

LITURGIA SŁOWA

W czytaniach liturgicznych sam Bóg przemawia do nas. Po wysłuchaniu Bożego przesłania odpowiadamy na nie wyznaniem wiary i modlitwą.

Pierwsze czytanie
Lektor odczytuje pierwsze czytanie, którym jest fragment, pochodzący ze Starego Testamentu lub Dziejów Apostolskich. Czytania słucha się siedząc. Aby zaznaczyć koniec czytania, lektor oznajmia.

Oto słowo Boże.
Wierni: Bogu niech będą dzięki.

Psalm responsoryjny
Kantor śpiewa psalm, a wierni powtarzają refren.

Drugie czytanie
Lektor odczytuje drugie czytanie, na które składa się wybrany fragment z Nowego Testamentu, np: z Dziejów, Listów Apostolskich lub Apokalipsy.
Lektor zaznacza koniec czytania słowami:

Oto słowo Boże.
Wierni: Bogu niech będą dzięki.

Aklamacja
Zgromadzenie powstaje na znak czci i szacunku dla Chrystusa będącego obecnym w Ewangelii. Następuje śpiew aklamacji: **Alleluja, Alleluja, Alleluja** której przewodniczy kantor. W czasie Wielkiego Postu, refren "Alleluja" zastępuje się innym, odpowiednio dobranym, wersetem.

Ewangelia
Może być głoszona tylko przez kapłana lub diakona.
Rozpoczyna się słowami:

Słowa Ewangelii według świętego N. (w miejsce "N" wstawia się imię ewangelisty)
Wierni: Chwała Tobie, Panie

Następnie celebrans obwieszcza przepisany fragment Ewangelii. Po jej odczytaniu kapłan (lub diakon) mówi

Oto słowo Pańskie.
Wierni: Chwała Tobie, Chryste

Homilia
Następuje homilia, której wysłuchuje się siedząc. Wygłaszana jest przez kapłana lub diakona i nawiązuje do wcześniej odczytanych czytań.
Jej celem jest ułatwienie zrozumienia Bożego przesłania zawartego w czytaniach.

The Collect
The priest leads us in praying the Collect. We respond, **"Amen."**

The LITURGY *of the* WORD

God speaks to us today. We listen and respond to God's Word.

The First Reading
We sit and listen as the reader reads from the Old Testament or from the Acts of the Apostles. The reader concludes, **"The word of the Lord."**
We respond,
"Thanks be to God."

The Responsorial Psalm
The cantor leads us in singing a psalm.

The Second Reading
The reader reads from the New Testament, but not from the four Gospels. The reader concludes, **"The word of the Lord."**
We respond,
"Thanks be to God."

Acclamation
We stand to honor Christ present with us in the Gospel. The cantor leads us in singing **"Alleluia, Alleluia, Alleluia"** or another chant during Lent.

The Gospel
The deacon or priest proclaims, "A reading from the holy Gospel according to (name of Gospel writer)." We respond,
"Glory to you, O Lord."
He proclaims the Gospel. At the end, he says, "The Gospel of the Lord." We respond,
"Praise to you, Lord Jesus Christ."

The Homily
We sit. The priest or deacon preaches the homily. He helps the whole community understand the Word of God spoken to us in the readings.

Wyznanie wiary

Stojąc wyznajemy naszą wiarę recytując wspólnie Symbol Nicejski

Symbol Nicejski

Wierzę w jednego Boga,
Ojca Wszechmogącego,
Stworzyciela nieba i ziemi,
wszystkich rzeczy widzialnych
i niewidzialnych.
I w jednego Pana Jezusa
Chrystusa,
Syna Bożego Jednorodzonego,
który z Ojca jest zrodzony
przed wszystkimi wiekami.
Bóg z Boga,
Światłość ze Światłości, Bóg
prawdziwy z Boga prawdziwego.
Zrodzony a nie stworzony,
współistotny Ojcu,
a przez Niego wszystko się stało.
On to dla nas ludzi
i dla naszego zbawienia
zstąpił z nieba.

(W czasie następujących słów, aż do: "i stał się człowiekiem" *wykonuje się głęboki skłon)*

I za sprawą Ducha Świętego
przyjął ciało z Maryi Dziewicy
i stał się człowiekiem.
Ukrzyżowany również za nas, pod
Poncjuszem Piłatem został
umęczony
i pogrzebany. I zmartwychwstał
dnia
trzeciego, jak oznajmia Pismo.
I wstąpił do nieba; siedzi
po prawicy Ojca.
I powtórnie przyjdzie w chwale
sądzić żywych i umarłych,
a Królestwu Jego nie będzie
końca.
Wierzę w Ducha Świętego, Pana
i Ożywiciela, który od Ojca
i Syna pochodzi. Który z Ojcem
i Synem wspólnie odbiera
uwielbienie
i chwałę; który mówił przez
Proroków.
Wierzę w jeden, święty,
powszechny
i apostolski Kościół.
Wyznaję jeden chrzest
na odpuszczenie grzechów.
I oczekuję wskrzeszenia umarłych.
I życia wiecznego w przyszłym
świecie.
Amen.

Zamiast Nicejsko-konstantynopolitańskiego wyznania wiary, szczególnie w okresie Wielkiego Postu i Wielkanocy, można recytować symbol chrzcielny Kościoła Rzymskiego, znany również pod nazwą:"Skład Apostolski".

The Profession of Faith

We stand and profess our faith. We pray the Nicene Creed together.

Nicene Creed

I believe in one God,
the Father almighty,
maker of heaven and earth,
of all things visible and
invisible.

I believe in one Lord Jesus
Christ,
the Only Begotten Son of God,
born of the Father before all
ages.
God from God, Light from
Light,
true God from true God,
begotten, not made,
consubstantial with the Father;
through him all things were
made.
For us men and for our
salvation
he came down from heaven,

(At the words that follow, up to and including and became man, *all bow.)*

and by the Holy Spirit
was incarnate of the
Virgin Mary,
and became man.
For our sake he was crucified
under Pontius Pilate,
he suffered death and was
buried,
and rose again on the third day
in accordance with the
Scriptures.
He ascended into heaven
and is seated at the right hand
of the Father.
He will come again in glory
to judge the living and the
dead
and his kingdom will have
no end.

I believe in the Holy Spirit, the
Lord, the giver of life,
who proceeds from the Father
and the Son,
who with the Father and the
Son is adored and glorified,
who has spoken through the
prophets.

I believe in one, holy, catholic
and apostolic Church.
I confess one Baptism
for the forgiveness of sins
and I look forward to the
resurrection of the dead
and the life of the world to
come. Amen.

Instead of the Niceno-Constantinopolitan Creed, especially during Lent and and Easter Time, the baptismal Symbol of the Roman Church, known as the Apostles' Creed, may be used.

Skład Apostolski
Wierzę w Boga,
Ojca Wszechmogącego,
Stworzyciela nieba i ziemi.
I w Jezusa Chrystusa,
Syna Jego Jedynego,
Pana naszego,

(W czasie następujących słów, aż do: *"Maryi Panny"* wykonuje się głęboki skłon)

który się począł z Ducha
Świętego,
narodził się z Maryi Panny;
umęczon pod Ponckim Piłatem,
ukrzyżowan, umarł i pogrzebion,
zstąpił do piekieł,
trzeciego dnia zmartwychwstał,
wstąpił na niebiosa, siedzi po
prawicy
Boga Ojca wszechmogącego,
stamtąd przyjdzie sądzić żywych
i umarłych.
Wierzę w Ducha Świętego,
Święty Kościół powszechny,
Świętych obcowanie,
grzechów odpuszczenie,
ciała zmartwychwstanie,
żywot wieczny.
Amen.

Modlitwa wiernych
Następuje modlitwa wiernych, której przewodniczy kapłan. Odmawiana jest w intencji Kościoła i jego liderów, za ojczyznę i jej przywódców, za nas samych i naszych bliskich, za chorych i za zmarłych. Istnieje wiele sposobów, którymi można odpowiadać na wezwania modlitwy wiernych. Częstą formą jest odezwa
Wierni: Ciebie prosimy, wysłuchaj nas Panie.

LITURGIA EUCHARYSTYCZNA

W jedności z Jezusem i Duchem Świętym składamy dziękczynienie i oddajemy chwałę Bogu Ojcu.

Przygotowanie ołtarza i darów
W czasie przygotowywania ołtarza i darów zgromadzenie pozostaje w postawie siedzącej; wykonywana jest pod przewodnictwem kantora pieśń. Chleb i wino oraz ofiarowane przez wiernych dary przeznaczone na potrzeby Kościoła i ubogich, przynoszone są przed ołtarz. Celebrans unosi chleb nad ołtarzem i błogosławi Boga, dziękując za Jego hojność, modli się słowami:

Kapłan: Błogosławiony jesteś, Panie, Boże wszechświata. . .

Wierni: Błogosławiony jesteś, Boże, teraz i na wieki.

Apostles' Creed

I believe in God,
the Father almighty,
Creator of heaven and earth, and
in Jesus Christ,
his only Son, our Lord,
(At the words that follow, up to and including the Virgin Mary, *all bow.)*

who was conceived by the
Holy Spirit,
born of the Virgin Mary,
suffered under Pontius Pilate,
was crucified, died and was
buried;
he descended into hell;
on the third day he rose again
from the dead;
he ascended into heaven,
and is seated at the right hand
of God the Father almighty;
from there he will come to
judge the living and the dead.

I believe in the Holy Spirit,
the holy catholic Church,
the communion of saints,
the forgiveness of sins,
the resurrection of the body,
and life everlasting. Amen.

The Prayer of the Faithful

The priest leads us in praying for our Church and its leaders, for our country and its leaders, for ourselves and others, for the sick and those who have died. We can respond to each prayer in several ways. One way we respond is, **"Lord, hear our prayer."**

The LITURGY *of the* EUCHARIST

We join with Jesus and the Holy Spirit to give thanks and praise to God the Father.

The Preparation of the Altar and Gifts

We sit as the altar is prepared and the collection is taken up. We share our blessings with the community of the Church and especially with those in need. The cantor may lead us in singing a song. The gifts of bread and wine are brought to the altar.

The priest lifts up the bread and blesses God for all our gifts. He prays, "Blessed are you, Lord God of all creation, . . ." We respond, **"Blessed be God for ever."**

Następnie celebrans unosząc kielich wina nad ołtarzem, powtarza błogosławieństwo mówiąc

Błogosławiony jesteś, Panie, Boże wszechświata. . .
Wierni: Błogosławiony jesteś, Boże, teraz i na wieki.

Po czym kapłan zaprasza zebranych wiernych do modlitwy, mówiąc

Módlcie się, aby moją i waszą Ofiarę przyjął Bóg, Ojciec wszechmogący.

Powstając, odpowiada się:
Niech Pan przyjmie
Ofiarę z rąk twoich
na cześć i chwałę
swojego imienia,
a także na pożytek nasz
i całego Kościoła świętego.

Modlitwa nad darami
Kapłan odmawia modlitwę nad darami po ukończeniu, której odpowiada się: **Amen.**

Dialog przed Prefacją
Celebrans zaprasza wiernych, aby przysposobili swe serca i umysły do wyrażenia chwały i dziękczynienia Bogu Ojcu w uroczystej modlitwie uwielbienia i dziękczynienia.

Kapłan: Pan z wami
Wierni: I z duchem twoim.
Kapłan: W górę serca.
Wierni: Wznosimy je do Pana.
Kapłan: Dzięki składajmy Panu Bogu naszemu
Wierni: Godne to i sprawiedliwe.

Po ukończeniu śpiewu lub recytacji prefacji przez kapłana, następuje śpiew poniższej aklamacji:

Święty, Święty, Święty,
Pan Bóg Zastępów,
Pełne są niebiosa i ziemia
chwały Twojej.
Hosanna na wysokości,
Błogosławiony, który idzie
w imię Pańskie.
Hosanna na wysokości

Modlitwa Eucharystyczna
Celebrans przewodniczy zgromadzeniu w przeżywaniu i odmawianiu modlitwy Eucharystycznej, w której zanoszone są prośby do Boga o przemienienie mocą Ducha Świętego złożonych przez nas darów. Prosimy, aby zostały uświęcone, i aby stały się one dla nas Ciałem i Krwią Jezusa Chrystusa. Wspominając wydarzenia Ostatniej Wieczerzy podczas, której Jezus przemienił chleb i wino w Jego Ciało i Krew, wierzymy, że po przeistoczeniu Jezus jest prawdziwie i rzeczywiście obecny pod postaciami chleba i wina. Kapłan śpiewa lub głośno wypowiada następującą aklamację:
Kapłan: Oto tajemnica wiary

The priest lifts up the cup of wine and prays, "Blessed are you, Lord God of all creation, . . ." We respond, **"Blessed be God for ever."**

The priest invites us, "Pray, brethren (brothers and sisters), that my sacrifice and yours may be acceptable to God, the almighty Father."

We stand and respond,
"May the Lord accept the sacrifice at your hands
for the praise and glory of his name,
for our good
and the good of all his holy Church."

The Prayer over the Offerings
The priest leads us in praying the Prayer over the Offerings. We respond, **"Amen."**

Preface
The priest invites us to join in praying the Church's great prayer of praise and thanksgiving to God the Father.

Priest: "The Lord be with you."
Assembly: "And with your spirit."
Priest: "Lift up your hearts."
Assembly: "We lift them up to the Lord."
Priest: "Let us give thanks to the Lord our God."
Assembly: "It is right and just."

After the priest sings or prays aloud the Preface, we acclaim,
"Holy, Holy, Holy Lord God of hosts.
Heaven and earth are full of your glory.
Hosanna in the highest.
Blessed is he who comes in the name of the Lord.
Hosanna in the highest."

The Eucharistic Prayer
The priest leads the assembly in praying the Eucharistic Prayer. We call upon the Holy Spirit to make our gifts of bread and wine holy and that they become the Body and Blood of Jesus. We recall what happened at the Last Supper. The bread and wine become the Body and Blood of the Lord.

Jesus is truly and really present under the appearances of bread and wine. The priest sings or says aloud, "The mystery of faith." We respond using this or another acclamation used by the Church,

Używając poniższej lub jednej z innych aklamacji stosowanych przez Kościół odpowiada się

Wierni: Głosimy śmierć Twoją, Panie Jezu, wyznajemy Twoje zmartwychwstanie i oczekujemy Twego przyjścia w chwale.

Następnie kapłan odmawia modlitwy w intencji Kościoła, oraz za całą wspólnotę żywych i zmarłych.

Doksologia końcowa
Celebrans, śpiewem lub głośną modlitwą kończy obrzędy liturgii eucharystycznej słowami

Kapłan: Przez Chrystusa, z Chrystusem i w Chrystusie, Tobie, Boże, Ojcze wszechmogący, w jedności Ducha Świętego, wszelka cześć i chwała, przez wszystkie wieki wieków."
Wierni: Amen.

Obrzędy Komunii Świętej

Modlitwa Pańska
Odmawiamy modlitwę Pańską

**Wierni: Ojcze nasz,
któryś jest w niebie,
Święć się imię Twoje;
przyjdź królestwo Twoje;
bądź wola Twoja, jako w niebie,
tak i na ziemi.
Chleba naszego, powszedniego
daj nam dzisiaj;
i odpuść nam nasze winy,
jako i my odpuszczamy naszym
winowajcom;
i nie wódź nas na pokuszenie,
ale nas zbaw ode Złego.**

Kapłan: Wybaw nas, Panie, od zła wszelkiego i obdarz nasze czasy pokojem. Wspomóż nas w swoim miłosierdziu, abyśmy zawsze wolni od grzechu i bezpieczni od wszelkiego zamętu, pełni nadziei oczekiwali przyjścia naszego Zbawiciela, Jezusa Chrystusa.

Wierni: Bo Twoje jest królestwo i potęga, i chwała na wieki.

Znak pokoju
Celebrans zaprasza wiernych, aby przekazali sobie znak pokoju, mówiąc:

Kapłan: Pokój Pański niech zawsze będzie z wami.
Wierni: I z duchem twoim.

Zebrani wierni przekazują sobie znak pokoju.

"We proclaim your Death, O Lord, and profess your Resurrection until you come again."

The priest then prays for the Church. He prays for the living and the dead.

Doxology

The priest concludes the praying of the Eucharistic Prayer. He sings or prays aloud,
"Through him, and with him,
and in him,
O God, almighty Father,
in the unity of the Holy Spirit,
all glory and honor is yours,
for ever and ever."
We respond, **"Amen."**

The COMMUNION RITE

The Lord's Prayer

We pray the Lord's Prayer.

Our Father, who art in heaven,
hallowed be thy name;
thy kingdom come,
thy will be done
on earth as it is in heaven.
Give us this day our daily bread,
and forgive us our trespasses,
as we forgive those who trespass against us;
and lead us not into temptation but deliver us from evil.

Priest: Deliver us, Lord, we pray,
from every evil,
graciously grant peace in our days,
that, by the help of your mercy,
we may be always free from sin
and safe from all distress,
as we await the blessed hope
and the coming of our Savior,
Jesus Christ.

We respond saying,
For the kingdom,
the power and the glory are yours
now and for ever.

The Sign of Peace

The priest invites us to share a sign of peace, saying, "The peace of the Lord be with you always."
We respond,
"And with your spirit."
We share a sign of peace.

Łamanie chleba
Kapłan łamie konsekrowany chleb, podczas gdy zgromadzenie śpiewem lub głośną modlitwą błaga miłosierdzia Bożego słowami:

Wierni: Baranku Boży,
który gładzisz grzechy świata,
zmiłuj się nad nami.
Baranku Boży,
który gładzisz grzechy świata,
zmiłuj się nad nami.
Baranku Boży,
który gładzisz grzechy świata,
obdarz nas pokojem.

Komunia Święta
Kapłan unosi hostię i obwieszcza:

Oto Baranek Boży,
który gładzi grzechy świata.
Błogosławieni, którzy zostali wezwani na Jego ucztę.

Zgromadzenie odpowiada:
Panie, nie jestem godzien, abyś przyszedł do mnie, ale powiedz tylko słowo, a będzie uzdrowiona dusza moja.

Kapłan przyjmuje Komunię, po czym udziela Komunii diakonowi, obecnym szafarzom, oraz zgromadzonym wiernym.

Udzielając Komunii kapłan, diakon lub nadzwyczajny szafarz Komunii, unosi hostię, mówiąc Ciało Chrystusa.

Wierny odpowiada:
Amen.

Po czym przyjmuje konsekrowaną hostię bezpośrednio do ust lub na rękę.

Jeśli decydujemy się na przyjęcie Krwi Chrystusa, podchodzimy do szafarza udzielającego Komunii pod postacią wina. Szafarz unosi kielich z Krwią Pana. Wierny składa pokłon. Szafarz oznajmia:

Krew Chrystusa
Odpowiadamy: Amen

Bierzemy kielich z rąk szafarza i pijemy Krew Pana.

Modlitwa po Komunii św.
Powstajemy na słowa kapłana zapraszającego nas do modlitwy

Kapłan: Módlmy się,
kapłan odmawia modlitwę przepisaną na dany dzień
Odpowiadamy: Amen

The Fraction, or the Breaking of the Bread
The priest breaks the host, the consecrated bread. We sing or pray aloud,

"Lamb of God, you take away the sins of the world,
have mercy on us.
Lamb of God, you take away the sins of the world,
have mercy on us.
Lamb of God, you take away the sins of the world,
grant us peace."

Communion
The priest raises the host and says aloud, "Behold the Lamb of God, behold him who takes away the sins of the world. Blessed are those called to the supper of the Lamb."

We join with him and say,
"Lord, I am not worthy that you should enter under my roof, but only say the word and my soul shall be healed."

The priest receives Communion. Next, the deacon, the extraordinary ministers of Holy Communion, and the members of the assembly receive Communion.

The priest, deacon, or extraordinary minister of Holy Communion holds up the host. We bow and the priest, deacon, or extraordinary minister of Holy Communion says, "The Body of Christ." We respond, **"Amen."**
We then receive the consecrated host in our hand or on our tongue.

If we are to receive the Blood of Christ, the priest, deacon, or extraordinary minister of Holy Communion holds up the cup containing the consecrated wine. We bow and the priest, deacon, or extraordinary minister of Holy Communion says, "The Blood of Christ."
We respond, **"Amen."**
We take the cup in our hands and drink from it.

The Prayer after Communion
We stand as the priest invites us to pray, saying, "Let us pray." He prays the Prayer after Communion. We respond, **"Amen."**

OBRZĘDY ZAKOŃCZENIA

Umocnieni Słowem Bożym i Chlebem Życia zostajemy wysłani w świat z misją czynienia dobra chwaląc i błogosławiąc Pana.

Pozdrowienie kapłańskie
Wstajemy. Kapłan pozdrawia nas słowami mówiąc:

Pan z wami
Wierni: I z duchem twoim

Błogosławieństwo
Zależnie od okoliczności może być przekazane w formie modlitwy lub uroczystej formuły.

Kapłan lub diakon mówi: Przyjmijcie Boże błogosławieństwo
Kapłan: Niech was błogosławi Bóg wszechmogący, Ojciec i Syn, i Duch Święty.
Wierni: Amen

Rozesłanie
Kapłan lub diakon wypowiada formułę rozesłania:

Idźcie w pokoju Chrystusa
Wierni: Bogu niech będą dzięki

Podczas gdy zgromadzenie śpiewa hymn kończący celebrację liturgiczną, następuje ucałowanie ołtarza przez kapłana i diakona. Następnie kapłan wraz z asystą wykonują głęboki ukłon w stronę ołtarza po czym w procesji opuszczają świątynię.

The CONCLUDING RITES

We are sent forth to do good works, praising and blessing the Lord.

Greeting
We stand. The priest greets us as we prepare to leave. He says, "The Lord be with you." We respond, **"And with your spirit."**

Blessing
The priest or deacon may invite us, "Bow down for the blessing." The priest blesses us, saying, "May almighty God bless you, the Father, and the Son, and the Holy Spirit." We respond, **"Amen."**

Dismissal of the People
The priest or deacon sends us forth, using these or similar words, "Go and announce the Gospel of the Lord."
We respond,
"Thanks be to God."

We sing a hymn. The priest and the deacon kiss the altar. The priest, deacon, and other ministers bow to the altar and leave in procession.